Das Morse-Alphabet

Anleitung zum raschen Erlernen
sämtlicher Morse-Zeichen; für Schul-Zwecke
und Selbst-Unterricht

Von

Gustav Hochstetter

z. Zt. Freiw. Hilfsreferent bei der
Kaiserlichen Oberpostdirektion Berlin

Springer-Verlag Berlin Heidelberg GmbH
1915

ISBN 978-3-662-24376-3 ISBN 978-3-662-26493-5 (eBook)
DOI 10.1007/978-3-662-26493-5

Inhaltsverzeichnis.

Vorrede.

Die Morse-Zeichen sind für manchen Lernenden ein schwieriger Stoff.

Einer beträchtlichen Anzahl von Schülern erscheinen die Morse-Zeichen auf den ersten Blick als ein Gewirr von Linien und Punkten, das man zunächst kaum erfassen zu können glaubt.

Für manchen Anwärter sind die Morse-Zeichen der Schlagbaum gewesen, der ihm den Zugang zur Postlaufbahn versperrte.

* * *

Von jetzt ab kann, um mit Schiller zu reden, „dem Manne“ „geholfen werden“.

Der vorliegenden Lehrart ist es gelungen, dem toten Stoffe des Morse-Alphabetes Leben einzuhauchen, Gedankenbeziehungen zwischen dem Lernenden und dem Stoff zu knüpfen.

Dem Leicht lernenden wird dieses Buch eine Freude sein, dem Schwer lernenden eine nutzbringende Hilfe; auch wer Früher gelerntes wiederholen und befestigen will, findet hier eine angenehme Möglichkeit.

Gleich die allererste Prüfung dieses neuen Lehrsystems, die durch das Entgegenkommen der Herren Oberpostdirektor Wirkl. Geh. Ober-Postrat Vorbeck (Berlin) und Geh. Postrat Gothsch (Berlin) ermöglicht wurde und im Beisein des Herrn Oberpostinspektors Giesecke (Berlin) im Telegraphenschulamt zu Berlin stattfand, führte zu einem günstigen Ergebnis: im Telegraphenschulamt wurden dem Verfasser des vorliegenden Werkchens zwei — ihm gänzlich unbekannte — Schüler zur Verfügung gestellt, die von Morse-Schrift noch keinerlei Kenntnis besaßen. Der Verfasser erteilte nach seinem neuen System diesen beiden Schülern eine Unterrichtsstunde, und nach genau 60 Minuten war jeder der beiden Schüler imstande, alle Ziffern und das ganze deutsche Alphabet in Morse-Schrift niederzuschreiben — ein Lehrergebnis, wozu sonst eine Reihe von Tagen benötigt wurde.

* * *

Zu der Zeit, da ich die vorliegende kleine Schrift verfaßte, bekleidete ich zwei grundverschiedene Stellungen: ich war — seit einigen Monaten — freiwilliger Hilfsreferent bei der Kaiserlichen Oberpostdirektion Berlin und war gleichzeitig — seit etwa zwölf Jahren — Leiter einer humoristischen Wochenschrift.

Als ich mich mit dem Erlernen der M o r s e - Z e i c h e n zu befassen begann, vereinte sich mein Wille zum L e r n e n mit der nun einmal in mir vorhandenen Neigung zum H u m o r — und so entstand eine Art von heiterer G e d ä c h t n i s h i l f e, die es mir ermöglichte, die einzelnen Zeichen rasch zu unterscheiden und zu behalten.

In der Annahme, daß gerade in der jetzigen Zeit ein s c h n e l l e s Lernen jedermann d o p p e l t erwünscht sein wird, habe ich dieses kleine Werkchen niedergeschrieben.

Die Gedächtnishilfen, die ich im vorliegenden Werke anwende, entbehren zum Teil nicht einer starken K o m i k, durch die sich der Lernende indessen keineswegs abschrecken lassen darf. Wer in seiner Knabenzeit Lateinisch gelernt hat, der weiß genau, wozu derartige Gedächtnishilfen gut sind: der Lateintreibende behält jene einmal eingeprägten komischen Reimregeln — fast unfreiwillig — sein ganzes Leben lang; er erinnert sich ihrer nicht, solange es bei ihm im Lateinischlesen oder Lateinischreden oder Lateinischschreiben flott weitergeht — aber sobald es stockt, sobald er sich auf diese oder jene schwierige Form besinnen muß, kommen die alten Gedächtnishilfen ihm allmählich ganz von selbst wieder ins Bewußtsein und leisten ihre guten Dienste.

So soll es auch mit den Gedächtnishilfen sein, die ich in diesem kleinen Werkchen gebe; sie mögen dem Lernenden eine Stütze sein; er mag sie scheinbar vergessen, sobald er ihrer nicht mehr bedarf; aber wenn er sie später ab und zu einmal in besonderen Fällen wieder nötig haben wird, werden sie sich ganz von selbst wieder in seinem Gedächtnis einstellen, wo ja gerade das Komische immer am längsten und am zähesten haften bleibt.

Dieses Vorwort will ich nicht schließen, ohne zuvor den Herren

Wirkl. Geh. Ober-Postrat Oberpostdirektor Vorbeck,

Geh. Post-Rat Gothsch und

Oberpostinspektor Giesecke

meinen herzlichen Dank zu sagen für die freundliche Förderung, die sie mir beim Entstehen des vorliegenden Werkes haben angedeihen lassen.

Berlin, im Sommer des Kriegsjahres 1915.

Gustav Hochstetter.

1. Kapitel.

(Allgemeines.)

1. Die Morse-Schrift besteht aus Punkten und Strichen.

2. Ein Strich hat die Länge von drei Punkten.

3. Der Raum zwischen den Zeichen eines Buchstabens hat die Länge eines Punktes.

4. Der Raum zwischen zwei Buchstaben hat die Länge von drei Punkten.

5. Der Raum zwischen zwei Wörtern hat die Länge von fünf Punkten.

Diese fünf Regeln sind so einfach, daß zu ihrer Erlernung keine besondere Gedächtnishilfe erforderlich scheint.

Übrigens sei schon an dieser Stelle bemerkt, daß — wie überall, so auch bei der Morse-Schrift — die Lehre nicht immer genau mit ihrer Anwendung übereinstimmt. Theorie und Praxis sind eben zwei verschiedene Dinge.

2. Kapitel.

Die Buchstaben und Ziffern der Morse-Schrift und die Dienstzeichen.

(Nur durchlesen! Zunächst noch nicht auswendig lernen!)

a, à	· —
ä	· — · —
á, å	· — — · —
b	— · · ·
c	— · — ·
ch	— — — —
d	— · ·
e	·
é	· · — · ·
f	· · — ·
g	— — ·
h	· · · ·
i	· ·

j	· — — —
k	— · —
l	· — · ·
m	— —
n	— ·
ñ	— — · — —
o	— — —
ö	— — — ·
p	· — — ·
q	— — · —
r	· — ·
s	· · ·
t	—
u	· · —
ü	· · — —
v	· · · —
w	· — —
x	— · · —
y	— · — —
z	— — · ·

1	· — — — —
2	· · — — —
3	· · · — —
4	· · · · —
5	· · · · ·
6	— · · · ·
7	— — · · ·
8	— — — · ·
9	— — — — ·
0	— — — — —
Bruchstrich	— · · — ·
Punkt	· · · · · ·
Semikolon	— · — · — ·
Komma	· — · — · —
Doppelpunkt	— — — · · ·
Fragezeichen (oder Aufforderung zur Wiederholung einer nicht verstandenen Mitteilung)	· · — — · ·
Ausrufezeichen	— — · · — —
Apostroph	· — — — — ·
Bindestrich oder Strich	— · · · · —

Klammer	— · — — · —
Anführungszeichen	· — · · — ·
Unterstreichen (vor und hinter die zu unterstreichenden Wörter oder Satzteile)	· · — — · —
Doppelstrich (Zeichen zur Trennung des Kopfes von den besonderen Vermerken, der besonderen Vermerke untereinander, der Adresse vom Text, des Textes von der Unterschrift usw.)	— · · —
Anruf (jeder Übermittelung vorangehend)	— · — · —
Verstanden	· · · — ·
Irrung (Unterbrechung)	· · · · · · · ·
Aufforderung zum Geben	— · —
Warten	· — · · ·
Aufgearbeitet	· · · — · —
Staatstelegramm (S)	· · ·
Gebührenfreies dto. (SS)	· · · · · ·
Diensttelegramm (A)	· —
Dringendes Privattelegramm (D)	— · ·
Eisenbahn-Diensttelegramm (B)	— · · ·

Gebührenpflichtige Dienstnotiz (St)	· · · —
Für Empfangsanzeige, wenn es sich um die bei der Bestimmungsanstalt ausgefertigte Anzeige handelt	— · — · · — ·
Schlußzeichen	· — · — ·

Mit wohlerwogener Absicht habe ich bis zu dieser Stelle des Buches die Druckart beibehalten, in der die bis jetzt bekannten Lehrbücher die Morse-Zeichen wiederzugeben pflegen. Nunmehr aber wollen wir uns von der nüchternen Buchweisheit etwas weiter entfernen und uns dafür der lebendigen Praxis um so dichter anschließen! Zu diesem Zweck erfährt nunmehr der Lernende, daß beim eigentlichen Telegraphieren sich die Morse-Zeichen nicht als „Punkte und Striche" darstellen. Es ist unmöglich, mit dem Morse-Apparat einen wirklichen „Punkt" zu schreiben. In Wirklichkeit ist das, was wir bei der Morse-Schrift allgemein „Punkt" nennen, kein „Punkt", sondern ein kurzer Strich. Das, was wir bei der Morse-Schrift allgemein „Strich" nennen, ist ein langer Strich. Wir wollen aber auch im vorliegenden Lehrbuch die allenthalben gebräuchliche Bezeichnung „Punkt" und „Strich" beibehalten; denn trotzdem wir deren Unzulänglichkeit erkannt haben, ist es doch gut, sich dem allgemeinen Brauche zu fügen und nicht Verbesserungen zu versuchen, die nur Verwirrung anrichten würden.

Wir sagen also: „Punkt", denken uns aber dabei eine kurze Linie.

Wir sagen also: „Strich", denken uns dabei aber immer eine längere Linie.

Und nun sei noch einmal der ganze Stoff der Morse-Schrift verzeichnet, aber diesmal nicht mehr in der sonst üblichen Druckart, sondern so wie sich die Morse-Schrift beim Telegraphieren tatsächlich darstellt.

Da sehen die Buchstaben, Ziffern und Dienstzeichen so aus:

(Nur durchlesen! Zunächst noch nicht auswendig lernen!)

a, à	– —
ä	– — – —
á, å	– — — – —
b	— – – –
c	— – — –
ch	— — — —
d	— – –
e	–
é	– – — – –
f	– – — –
g	— — –
h	– – – –
i	– –
j	– — — —
k	— – —
l	– — – –
m	— —
n	— –
ñ	— — – — —

o — — —

ö — — — -

p - — — -

q — — - —

r - — -

ſ - - -

t —

u - - —

ü - - — —

v - - - —

w - — —

x — - - —

y — - — —

z — — - -

1 - — — — —

2 - - — —

3 - - - — —

4 - - - —

5 - - - - -

6 — - - - -

7	— — · · ·
8	— — — · ·
9	— — — — ·
0	— — — — —
Bruchstrich	— · · — ·
Punkt	· · · · · ·
Semikolon	— · — · — ·
Komma	· — · — · —
Doppelpunkt	— — — · · ·
Fragezeichen (oder Aufforderung zur Wiederholung einer nicht verstandenen Mitteilung)	· · — — · ·
Ausrufezeichen	— — · · — —
Apostroph	· — — — — ·
Bindestrich oder Strich	— · · · · —
Klammer	— · — — · —
Anführungszeichen	· — · · — ·
Unterstreichen (vor und hinter die zu unterstreichenden Wörter oder Satzteile)	· · — — · —

Doppelstrich (Zeichen zur Trennung des Kopfes von den besonderen Vermerken, der besonderen Vermerke untereinander, der Adresse vom Text, des Textes von der Unterschrift usw.)	—— – – – ——
Anruf (jeder Übermittelung vorangehend)	—— – —— – ——
Verstanden	– – – —— –
Irrung (Unterbrechung)	– – – – – – – –
Aufforderung zum Geben	—— – ——
Warten	– —— – – –
Aufgearbeitet	– – – —— – ——
Staatstelegramm (S)	– – –
Gebührenfreies dto. (SS)	– – – – – –
Diensttelegramm (A)	– ——
Dringendes Privattelegramm (D)	—— – –
Eisenbahn - Diensttelegramm (B)	—— – – –
Gebührenpflichtige Dienstnotiz (St)	– – – ——

2. Kapitel.	3. Kapitel.
Für Empfangsanzeige, wenn es sich um die bei der Bestimmungsanstalt ausgefertigte Anzeige handelt	— - — - - — -
Schlußzeichen	- — - — -

3. Kapitel.

(Die Anordnung der „Gruppen".)

Um für die Fälle der im vorigen Kapitel aufgeführten Buchstaben, Ziffern usw. eine leichte Erlernung zu ermöglichen, teilen wir den gesamten Lernstoff in folgende Gruppen ein:

Erste	Gruppe:	Formen	mit	1	Zeichen
Zweite	„ :	„	„	2	„
Dritte	„ :	„	„	3	„
Vierte	„ :	„	„	4	„
Fünfte	„ :	„	„	5	„
Sechste	„ :	„	„	6	und mehr Zeichen.

4. Kapitel.

(Der wandernde Punkt.)

Zur Ermutigung des Lernenden sei ein Teil der fünften Gruppe vorweggenommen und hierhingesetzt, nämlich die Z i f f e r n; bei ihnen ist die Anordnung eine so klare und einfache, daß ein einmaliges Einprägen genügt, um den Stoff dauernd im Gedächtnis zu behalten.

Man merke sich den kurzen Satz:

„Im Anfang war der Punkt."

(Es ist notwendig, diesen kurzen Satz a u s w e n d i g zu lernen. Ich bitte also erst dann weiter zu lesen, wenn der Satz mehrfach l a u t g e s p r o c h e n und im getreuen Wortlaut auswendig b e h a l t e n ist.)

Wir halten also jetzt den Satz fest:

„Im Anfang war der Punkt".

Und nun sehen wir, daß bei den Formen

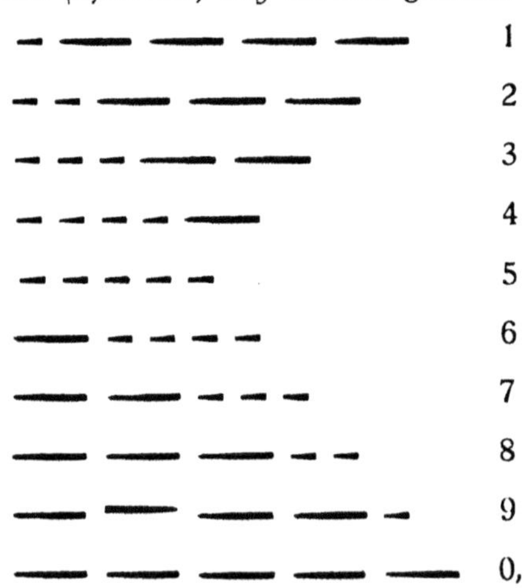

deren jede aus fünf Zeichen besteht, „im Anfang“ der „Punkt“ ist, der sich allmählich vermehrt, schließlich vom Zeilen-„Anfang“ zum Zeilen-„Schluß“ hinüberwandert, um erst bei Null auf den „Null-Punkt“ zu sinken, das heißt: ganz zu verschwinden.

Um zu prüfen, ob und wieweit man die Formen der Ziffern im Gedächtnis hat, schließe man nunmehr dieses Buch und nehme ein anderes vor, worin Zahlen enthalten sind, etwa das Verzeichnis der Fernsprechteilnehmer oder ein Geschichtswerk; man schreibe mehrere Zahlengruppen zuerst in gewohnter Schrift und dann daneben in Morse-Schrift. Dann schlage man dieses Buch wieder auf, vergleiche, und falls sich noch Fehler finden, lese man dieses Kapitel noch einmal. Aber nicht flüchtig durchlesen wie etwa einen Roman, sondern stets mit dem Bestreben, den Stoff zu durchdringen und zu behalten.

Die Anordnung der zehn Ziffern-Formen, ihre Reihenfolge, die ich mit dem

„System des von links nach rechts wandernden Punktes“

charakterisieren möchte, prägen wir uns besonders genau ein; denn in ähnlicher Anordnung müssen nicht nur auf dem Papier, sondern auch in unserem Gedächtnis späterhin andere Formengruppen erscheinen. (Man merke sich also: „Das System des von links nach rechts wandernden Punktes“! — der zum Schluß, als Null-Punkt, gänzlich den Strichen weicht!)

---

5. Kapitel.

Die erste Gruppe der Morse-Formen: Formen mit einem Zeichen. Die Buchstaben e und t.

Hier möchte der Verfasser — er heißt, wie bescheiden wiederholt sei: Hochstetter — den Wunsch aussprechen, daß sein Name dem Lernenden sich einpräge. Nicht aus Eitelkeit wünscht dies der Verfasser, sondern weil eben gerade der Name „Hochstetter" ein Beweis dafür ist, wie richtig die Morse-Schrift ihre Ein-Zeichen-Buchstaben gewählt hat: sie hat für die am häufigsten vorkommenden Buchstaben die Ein-Zeichen-Form gewählt, weil durch diese Anordnung naturgemäß die größtmögliche Zeitersparnis zu gewinnen ist.

Der Buchstabe e hat 1 Zeichen, nämlich 1 Punkt.

Der Buchstabe t hat 1 Zeichen, nämlich 1 Strich.

Und wenn wir den Namen des Verfassers betrachten, so ergibt sich tatsächlich, daß e und t die in diesem Namen „am meisten" vorkommenden Buchstaben sind; e kommt da zweimal vor, t sogar dreimal.

Vor Verwechslungen (zwischen e und t) schütze der Gedanke, daß die Vokale überall vor den Konsonanten kommen: sowohl im Alphabet, das mit einem Vokal beginnt, wie auch im menschlichen Leben, wo der Säugling zuerst einen Vokal aussprechen lernt. Und ebenso beginnt die Morse-Schrift mit dem Vokal — mit e, das durch 1 Punkt dargestellt wird. („Im Anfang war der Punkt!")

Das kurze Kapitel der Ein-Zeichen-Formen schließt also damit, daß wir lernen:

– e

— t

6. Kapitel.

Die *zweite* Gruppe der Morse-Formen:

Formen mit *zwei* Zeichen.

Die Buchstaben i, m, a, n.

Wir betrachten zuerst die Zeichen, die *nur* aus Punkten oder *nur* aus Strichen bestehen, es sind dies: das i und das m:

– – i

—— —— m;

dann betrachten wir uns die Zeichen, die aus einer *Mischung* von Punkt und Strich bestehen, wobei das mit dem Punkt beginnende Zeichen immer den Vortritt hat. („Im *Anfang* war der Punkt!“):

– —— a

—— – n

Die beiden erstgenannten Zwei-Zeichen-Formen ergeben zusammen die Silbe „im“, die beiden letztgenannten ergeben zusammen die Silbe „an“; vor Verwechslungen schützt also unser — mit diesen beiden Silben beginnender — bekannter Spruch: „**Im An**fang war der Punkt!“

Auch die Gruppe der Zwei-Zeichen-Formen ist mithin noch klein; und wir haben sie uns gemerkt, wenn wir uns einprägten:

- -	i	im
—— ——	m	
- ——	a	an
—— -	n	

(**Im An**-fang war der Punkt!)

Vorbemerkungen zu den „Übungen".

Die Wörter und Sätze sind mehrere Male in die Morse-Schrift zu übertragen und dann jedesmal wieder (schriftlich!) in Schreib-Schrift zurückzuübertragen. Der Lernende wird aber ausdrücklich darauf aufmerksam gemacht, daß es bei diesen ersten Übungen nicht genügt, sie auswendig (im Kopf) zu machen; es muß vielmehr das Übertragen und das Zurückübertragen mehrfach schriftlich geschehen und zum Schluß muß der Lernende jedesmal an Hand des Buches eine genaue Durchsicht vornehmen; findet er noch Fehler, so muß er diese verbessern und dann die Übung auf einem andern Blatt oder auf einer andern Heftseite wiederholen — so lange, bis kein Fehler mehr auftaucht und alles leicht, „wie am Schnürchen" geht.

Die Interpunktionen sind absichtlich bei den ersten Übungen weggelassen, weil ihre Erlernung erst in späteren Kapiteln erfolgen kann.

In Ergänzung des 1. Kapitels, Absatz 3—5, sei bemerkt, daß in der Praxis sich die Zwischenräume doch etwas anders darstellen als in der Theorie. Man hat die einzelnen Bestandteile eines Buchstabens möglichst dicht aneinander zu setzen. Zwischen zwei Buchstaben muß man immer mindestens soviel Platz lassen, daß später kein Lesender sich zweifelnd fragen muß: „Wo schließt denn hier der erste Buchstabe? und wo fängt der zweite an?“

Zwischen zwei Worten muß man mindestens doppelt soviel Platz lassen wie zwischen zwei Buchstaben.

---

1. Übung.

Nach dem aufmerksamen Durchlesen der vorstehenden „Vorbemerkungen“ sind nunmehr die folgenden Wörter und Sätze mehrfach in Morse-Schrift und zurück in Schreib-Schrift zu übertragen.

am — in — an — im — Mann — Tee — man — Memme — Amt — Name — nennen — Amme — Tante — nett — Amtmann — innen — Tinte — nieten — nein — Amen — Maat — Mai — Tat — Miene — matt — nie — Einen Maat nenne nie Memme — Ein Mann eint Amt mit Tat — Minna nimmt eine Ente — Anna nimmt eine nette Amme — Meine Tante Emma mietet Mitte Mai am Main

Anmerkung: Nicht weitergehen, bevor dies vollkommen „sitzt“!

7. Kapitel.

Die dritte Gruppe der Morse-Formen: Formen mit drei Zeichen.

Die Buchstaben w, u, s, d, g, o, r, k.

Die Gruppe der Drei-Zeichen-Formen ist naturgemäß schon eine etwas reichere.

Die Buchstaben, die sie enthält, ordnen wir in der gleichen Weise, wie die Ziffern-Formen (4. Kapitel) sich durch ihre eigene Reihenfolge ordneten; das heißt also: wir beginnen mit der Form, die „im Anfang“ einen „Punkt“ hat; dann folgt die Form mit 2 Punkten, usw., bis die Punkte auf der Schlußseite erscheinen, um schließlich dem „Nullpunkt“ (den „Strichen“) zu weichen:

– — —	w
– – —	u
– – –	s
— – –	d
— — –	g
— — —	o

Die nunmehr noch übrig gebliebenen Drei-Zeichen-Formen:

· — ·	r
— · —	k

seien ebenfalls in der Reihenfolge so gestellt, daß zuerst die mit dem *Punkt* beginnende Form erscheint.

So ergibt sich für *sämtliche Drei*-Zeichen-Formen die Reihenfolge

· — —	w
· · —	u
· · ·	s
— · ·	d
— — ·	g
— — —	o
· — ·	r
— · —	k

Nun, das ist immer noch nicht gar so schwierig zu behalten! Damit werden wir noch ganz gut fertig werden, ohne den höchsten Beamten des Reiches, Seine Exzellenz den Herrn *Reichskanzler*, zu bemühen! Die *Drei*-Zeichen-Buchstaben sprechen zu den Lernenden:

**„Wenn unser sind drei
Gehts ohne Reichs-Kanzlei!“**

Der Lernende merke sich diesen Reim; denn der enthält in den Anfangsbuchstaben seiner Worte

w

u

s

d

g

o

r

k

die Reihenfolge aller Buchstaben, die mit d r e i Morse-Zeichen geschrieben werden.

---

2. Übung.

Nachstehende Wörter und Sätze sind mehrfach in die Morse-Schrift und wieder zurück in die Schreib-Schrift zu übertragen.

Der Regent kam an einem Sommertag in die Kreisstadt und sagte dem Rate des Ortes Worte mit Geist — Der gute Reiter tut gern einen Ritt in der Natur — Wenn die Orkane streiten, ordnen sie die eigene Wut — Meister Meier dirigiert am Donnerstag

Anmerkung: Nicht weitergehen, bevor dies vollkommen „fitzt"!

8. Kapitel.

(Erster Abschnitt.)

Die vierte Gruppe der Morse-Formen: Formen mit vier Zeichen. Die Buchstaben j, ü, v, h, b, z, ö, ch.

Die Gedächtnishilfe für diese Gruppe sei in zwei Teilen gegeben.

Zuerst seien die Formen aufgeführt, die sich in der gleichen Weise wie die Ziffern gruppieren lassen, sozusagen nach dem „System des von links nach rechts wandernden Punktes“; es sind dies die Buchstaben

· — — —	j
· · — —	ü
· · · —	v
· · · ·	h
— · · ·	b
— — · ·	z
— — — ·	ö
— — — —	ch

Um diese Vier-Zeichen Formen zu üben, denken wir zuerst daran, wie Hindenburg gegen vier-fache Übermacht im Osten nicht nur standhielt, sondern als zäher Chirurg den Russen eine Provinz nach dér andern wegoperierte, und wir merken uns den Spruch:

Jetzt übe „Viere": „Hindenburg
Bleibt zäher, östlicher Chirurg!"

Die Anfangsbuchstaben dieses Spruches,

j
ü
v
h
b
z
ö
ch

ergeben in genauer Reihenfolge diejenigen (acht) Vier-Zeichen-Formen, die sich nach dem System des von links nach rechts wandernden Punktes ordnen lassen.

An dieser Stelle sei bemerkt: man befürchte nicht, daß noch mehr „Merk-Verse" kommen! Nur die zwei vorstehenden werden gegeben, der Vers von der „Reichs-Kanzlei" und der von „Hindenburg". Man präge sich gleich ein: „Jeder Buchstabe des Morse-Alphabets, der nicht einstellig (e t), nicht zweistellig (i m a n) ist und nicht in den beiden Merkversen vorkommt, muß vier- oder mehrstellig sein!

3. Übung.

Nachstehende Wörter und Sätze sind mehrfach in die Morse-Schrift und wieder zurück in die Schreib-Schrift zu übertragen:

Wenn der Jünger ist wie sein Meister dann ist er gut — beschwören — vier — mürbe — Rache — Gewürz — Drüsengeschwür — echter Unverstand — stören — Bühne — Öse — acht Bürgen — böse — Dachwerk — Morgenröte — kurz und bündig — Vorverhör — Brüche — kühn — Bach — rösten*)

Nun ist der Zeitpunkt gekommen, wo man sich darüber klar werden muß, daß die Morse-Telegraphie nicht darin besteht: mit Bleistift oder Feder etwas auf ein Blatt Papier zu setzen! Wer wirklich zu telegraphieren hat, erzeugt die „Punkte" und „Striche" dadurch, daß er am Morse-Apparat auf einen Hebel drückt. Jeder k u r z e Druck auf den Hebel erzeugt einen sogenannten „Punkt", jeder l a n g e Druck erzeugt einen sogenannten „Strich".

Am besten wäre es ja nun, wenn der Lernende sich jetzt sofort an einen Morse-Apparat setzen und dort weiterüben könnte. Hierzu ist aber leider nicht jeder Lernende in der Lage — wohl aber bieten sich j e d e m Willigen geeignete, wenn auch unvollkommene, so doch nützliche Ersatzmittel. So zum Beispiel kann man an jede beliebige Zimmertür gehen und dort mit der T ü r k l i n k e „Morse-

*) Anmerkung: Nicht weitergehen, bevor dies vollkommen „sitzt"!

Schrift" üben. Längeres Herunterdrücken der Klinke bedeutet den „Strich", kürzeres Herunterdrücken den „Punkt".

Der Verfasser des vorliegenden Werkes hat zu ähnlichen Zwecken auch schon einen federnden Zigarrenabschneider mit Erfolg benutzt. Auch die „Leertaste" jeder Schreibmaschine kann in ähnlicher Weise zum Erlernen der Morse-Telegraphie benutzt werden. Schließlich eignet sich dazu auch noch jede beliebige Taste eines jeden Klaviers — vorausgesetzt, daß der Lernende nur leicht „anschlägt", und daß die Mitbewohner des Hauses nicht allzu musikfeindlich gesinnt sind.

Bei solchen Übungen, mögen sie am Morse-Apparat oder am Klavier, an der Türklinke, der Schreibmaschine oder an der „Taste" des Zigarrenabschneiders geschehen, befolge man stets diese drei Regeln:

Während eines Buchstabens den Finger nie ganz von der Taste nehmen.

Nach jedem Buchstaben den Finger nur für ein kurzes Weilchen von der Taste nehmen.

Nach jedem Wort den Finger für ein etwas längeres Weilchen von der Taste nehmen.

Nachdem wir uns das Vorstehende eingeprägt haben, treten wir jetzt beherzt an die Türklinke oder an irgend einen anderen Apparat heran und „telegraphieren" die Übungen von Seite 26, 29 und 32 noch einmal, aber dieses Mal ohne zu schreiben, nur mit Hebeldruck.

Und von jetzt ab machen wir jede Übung nicht nur schriftlich, sondern auch außerdem noch an unserem „Morse-Apparat" oder „Morse-Ersatzapparat".

8. Kapitel.

(Zweiter Abschnitt.)

Ebenfalls noch vierte Gruppe der Morse-Formen

Formen mit vier Zeichen.

Die Buchstaben ä, c, x, p, f, q, l, y.

Nun haben wir noch acht andere Vier-Zeichen-Formen zu lernen, nämlich

· — · —	ä
— · — ·	c
— · · —	x
· — — ·	p
· · — ·	f
— — · —	q
· — · ·	l
— · — —	y.

Bei diesen letzten acht Formen ist das Durcheinander der Punkte und Striche ein so vielgestaltiges, daß wir lieber jeder einzelnen Form ihre besondere Gedächtnishilfe zuerteilen wollen. Der Übersichtlichkeit halber erhalte hier jeder Buchstabe eine Seite für sich.

Es muß hier immer

eine

Seite nach der anderen durchgenommen werden! — Nie weitergehen, bevor die vorhergehende Seite vollkommen klar erfaßt ist!

Der Buchstabe ä.

Bei

- — - — ä

merken wir uns, daß ä aus z w e i (regelwidrig dicht nebeneinanderstehenden) a geformt scheint; also ä = aa (a = - —, ä = - — - —).

Der Buchstabe c.

Bei

— – — – c

müssen wir uns in ähnlicher Weise wie bei ä merken, daß es aus zwei „n" geformt ist; die Gedankenbrücke zwischen dem c und dem Doppel-n haben wir gefunden, wenn wir an die Schlacht bei **Cannae** denken. (Also: c = nn, Schlacht bei Cannae! Jene berühmte Schlacht vom 2. August 216 v. Chr., in der H a n n i b a l den R ö m e r n so fürchterliche Hiebe austeilte!)

Der Buchstabe x.

Jetzt kommt das x.

„N a," rufen wir da, „uns macht so leicht keiner ein x vor!"

Und dieses selbstvertrauliche „N a!" bildet zugleich unseren Schlüssel für das „x"; denn dieses ist geformt aus „n" und „a". Also

— – n

\+

– — a

=

— – – — x

= „na! . . ."

Der Buchstabe p.

Bei

– — — – p

müssen wir an den großen P a n denken, den Vater des „Panischen Schreckens“; denn „p“ (– — — –) ist gleich „a + n“ (– — + — –) und P + an = Pan. (Also P = Pan!)

Der Buchstabe f.

Wie können wir das

▬ ▬ ▬▬▬ ▬ . f

f i n d e n?

Je nun, wir denken nur ganz einfach an das (mit f beginnende) Wort „finden"; aber da brauchen wir als Gedächtnishilfe natürlich nur den ersten Teil des Wortes „fin"; „f" (▬ ▬ ▬▬▬ ▬) ist gleich „i + n" (▬ ▬ + ▬▬▬ ▬)! Also zu merken: f, finden, f + in!*)

---

*) Außerdem merke man sich, daß die Morse-Form des f, wenn man sich für jeden „Punkt" eine u n b e t o n t e und für den „Strich" eine b e t o n t e Silbe denkt, etwa dem mit f beginnenden Worte

◡ ◡ – ◡
Friedrichwilhelm
▬ ▬ ▬▬▬ ▬

entspricht. (Dies aber vorläufig nur nebenbei!)

Der Buchstabe q.

Bei

—— —— – —— q

dürfen wir an die Tatsache denken: die „Q“ (die Kuh)! ist die „Mama“ (die „Ma“) des Kälbchens;
(—— —— – ——) q = m + a (—— —— + – ——). Also zu merken: q = Mama!

Man lasse sich beim Lernen durch den (scheinbar unfreiwilligen) Humor der Gedächtnishilfen nicht abschrecken! Je sonderbarer uns etwas klingt, desto leichter behalten wir es!

Der Buchstabe l.

Bei

— ——— — — l

ist daran zu denken, daß nur der

Laie

auf diese Weise zu lernen braucht. Ist man später erst einmal Fachmann, so bedarf man aller dieser Hilfsmittel nicht mehr. Aber der

L a i e (l! a! i!)

tut wohl daran, sie zu brauchen. Und: l = a + i! l (— ——— — —) = a + i (— ——— + — —)! Was zu merken ist.*)

---

*) Außerdem merke man sich, daß die Morse-Form des l, wenn man für jeden „Punkt" eine unbetonte und für den Strich eine betonte Silbe setzt, etwa dem mit l beginnenden Worte

⏑ ⏊ ⏑ ⏑
le gen den haft
— ——— — —

entspricht. (Dies aber vorläufig nur nebenbei!)

Der Buchstabe y.

Der aus dem G r i e c h i s c h e n stammende Buchstabe

— - — — y

sei auch mit einer g r i e c h i s c h e n Gedächtnishilfe erlernt. Der Grieche sagt in seinem Alphabet nicht „n" und „m" wie wir, sondern „ny" und „my", wobei er sein geliebtes „y" anzuwenden Gelegenheit findet. Aber dieses „n" (— -) und „m" (— —) zusammengeformt, ergibt unser Morse-Ypsilon (— - — —); und deshalb merken wir uns: y kommt vor in „ny" und „my". (y = n + m!) Die R e i h e n f o l g e zu behalten, macht n i e M ü h' (n m!)

Womit wir uns nunmehr sämtliche Vier-Zeichen-Formen eingeprägt haben!

Vorbemerkung zur 4. Übung.

Bei der nachstehenden Übung wird mancher Lernende merken, daß er die beiden Buchstaben „f“ (finden!) und „l“ (Laie!) trotz allen guten Willens nicht wohl voneinander unterscheiden kann. Es ist deshalb daran zu denken, daß auf den Seiten 39 und 41 für jede dieser beiden Morse-Formen noch ein besonderes Merkwort genannt wurde, das die Morse-Zeichen in einer Art von Akzentspiegel wiedergibt.

Hat man sich für f den Tonfall des mit f beginnenden Wortes

◡ ◡ —́ ◡

Friedrich wil helm

– – —— –

und für l den Tonfall des mit l beginnenden Wortes

◡ —́ ◡ ◡

le gen denhaft

– —— – –

eingeprägt, so ist eine Verwechslung zwischen den Morse-Formen f und l nicht mehr möglich.

* * *

Sind wir bei der Ausführung der Übungen bei irgendeiner Vier-Zeichen-Form über die Bedeutung im unklaren, so fragen wir uns zunächst: „Paßt die Vier-Zeichen-Form in das „System des wandernden Punktes?“ — Lautet die Antwort **ja**, so genügt die Erinnerung an das Hindenburgverschen; lautet die Antwort **nein**, so zerlegen wir die Vier-Zeichen-Form in zwei Zwei-Zeichen-Formen und sofort stellt sich unsere „Gedächtnishilfe“ im Kopfe ein.

4. Übung.

Die folgenden Zeilen sind mehrfach in die Morse-Schrift und dann zurück in die Schreib-Schrift zu übertragen, endlich an der Türklinke oder dergl. zu üben.

Die Interpunktionen sind wegzulassen.

* * *

fern — Cello — Gänschen — Styx — Qual — beschränkt — Celsius — Xaver — Couplet — Feder — Max — älter — foppen — Crispi — Ypern — Xenien — Xylophon — Fleisch für Newyork — Fall — verquer — Xerxes — Ärger — Hyäne — Quelle.

Anmerkung: Nicht weitergehen, bevor dies vollkommen „sitzt"!

9. Kapitel.

Die fünfte Gruppe der Morse-Formen.

Formen mit fünf Zeichen.

Zu dieser Gruppe gehören zunächst die Ziffern, die im 4. Kapitel bereits behandelt sind, jedoch hier der Ordnung halber noch einmal aufgeführt sein mögen. Alle Ziffern werden durch Fünf-Zeichen-Formen ausgedrückt — nach dem „System des von links nach rechts wandernden Punktes"! Also:

· — — — —	1
· · — — —	2
· · · — —	3
· · · · —	4
· · · · ·	5
— · · · ·	6
— — · · ·	7
— — — · ·	8
— — — — ·	9
— — — — —	0

5. Übung.

Die folgenden Zeilen sind mehrfach in die Morse-Schrift und dann zurück in die Schreib-Schrift zu übertragen, endlich an der Türklinke oder dergl. zu üben.

Die Interpunktionen sind wegzulassen.

* * *

Nationalstiftung
für die Hinterbliebenen der im Kriege Gefallenen.

71. Gabenliste.

Bei den Postämtern gingen ein: Leipzig 1,90. Boizenburg 4,90. Elbing 11,40. Angermünde 19,90. Müllheim 19,90. Mönkebude 9,90. Wiesbaden Postamt 1, 18,90. Hamburg Postamt 14, 2,90. Posen Postamt 1, 9,90. Wiesbaden Postamt 5 12,90. Ars 0,40. Hindenburg 10,80. Lützelstein 12,40. Hemer 19,90. Landa 4,90. Düsseldorf Postamt 2, 5,90. Asbach 3,40. Cöln Postamt 12, 4,90. Berga 6,90. Singen 4,90. Bromberg 14,90. Wechselburg 1,40. Stockach 9,90. Weißstein 4,90.

Was noch ferner zur Fünf-Zeichen-Gruppe gehört, das sei der Deutlichkeit halber nachstehend so angeordnet, daß je ein Zeichen eine besondere Seite erhält.

Anmerkung: Nicht weitergehen, bevor dies vollkommen „sitzt"!

Das Trennungszeichen
oder
„Der Doppelstrich".

Zur Fünf-Zeichen-Gruppe gehört auch das

—— – – – —— Trennungszeichen,

man merke sich: das *Trennungszeichen*, das in der *gewöhnlichen* deutschen Schrift als (übereinander liegende) *zwei Striche* (=) auftritt, besteht auch in der Morse-Schrift aus zwei Strichen, nur daß diese durch drei Punkte eine *Trennung* erleiden. Also: das *Trennungszeichen* ist ein „*Zeichen mit Trennung*" (und zwar mit Trennung durch drei Punkte). Es ist das Zeichen zur Trennung des Kopfes von den besonderen Vermerken, zur Trennung der besonderen Vermerke untereinander, der Adresse vom Text, des Textes von der Unterschrift usw.

Der Bruchstrich.

Da zu der Fünf-Zeichen-Gruppe sämtliche Ziffern gehören, erscheint es nur natürlich, daß auch der

Bruchstrich ▬▬ ▬ ▬ ▬▬ ▬

zu der gleichen Gruppe gehört; gehörte er zu irgend einer anderen Gruppe, so wäre das **n** i ch t **r** i ch t i g. (Übrigens er h a t früher einmal zur Sechs-Zeichen-Gruppe gezählt und bestand aus sechs aufeinander folgenden Strichen; aber das wurde vor einiger Zeit geändert, weil es eben **n** i ch t **r** i ch t i g war.) Würde man zwischen zwei Zahlen, die einen Bruch bezeichnen sollen, den Bruchstrich vergessen, so wäre das ebenfalls **n**(icht) **r**(ichtig). Und nun wollen wir den

Bruchstrich ▬▬ ▬ ▬ ▬▬ ▬

zerlegen in

▬▬ ▬ **n**

▬ ▬▬ ▬ **r**,

wir brauchen also bloß an die Anfangsbuchstaben der beiden Worte: „**n**(icht) **r**(ichtig)“ zu denken, so kommt uns sofort die Fünf-Zeichen-Form des Bruchstriches ins Gedächtnis.

Der Fremdbuchstabe é (mit accent aigu).

Nun gehört noch allerhand Seltsames zur Fünf-Zeichen-Gruppe; Buchstaben, die nicht häufig vorkommen, und die man sich deshalb vielleicht nur desto gründlicher einprägen sollte, damit man sie bei ihrem seltenen Erscheinen nicht verkennt.

Da ist das é (mit accent aigu), das so

▬ ▬ ▬▬▬ ▬ ▬

dargestellt wird; wir denken da an ein einfaches e und an ein l

▬ ▬▬▬ ▬ ▬

e + l, el(egant), elegant (ein französisches Wort! zu deutsch: stutzerhaft!) Das é mit dem Accent ist das stutzerhafte, das elegante „e"!

Die Fremdbuchstaben á und å.

Zur Fünf-Zeichen-Gruppe gehört auch das „á“ und das „å“, wie es in mehreren fremden Sprachen vorkommt. Es wird (in beiden Fällen: á und å) so

· — — · —

dargestellt; wir denken an ein einfaches a und an ein k

— · —

das ergibt zusammen unsere neue Fünf-Zeichen-Form:

· — — · —

a + k, ak(ademisch!), akademisch (zu deutsch: hochschulmäßig! auf den Hochschulen werden die fremden Sprachen gelehrt!) Wir nennen also in Gedanken die Form

· — — · —:

„das ak(ademische) a“!

Der Fremdbuchstabe ñ.

Das ebenfalls nur in fremden Sprachen vorkommende „ñ“ (— — - — —) erscheint nur höchst selten in unserem Wirkungskreis, es t u t sozusagen eigentlich bei uns n i c h t m i t (man merke sich: „**tut nicht mit**“!) Wir zerlegen uns diese Fünf-Zeichen-Form

— — - — — ñ

in drei Teile,

nämlich in — t

— - n

— — m

t + n + m,

das sind die Anfangsbuchstaben des bereits gesagten Satzes:

„tut

nicht

mit“.

Sollte also dieser unsichere Kantonist trotz alledem einmal mittun, so werden wir ihn nun schon kennen!

6. Übung.

Die folgenden Zeichen sind mehrfach in die Morse-Schrift und dann zurück in die Schreib-Schrift zu übertragen, endlich an der Türklinke oder dergl. zu üben.

Die Interpunktionen sind wegzulassen.

* * *

(Ausländische Wörter):

élegant (frz.) stutzerhaft — vérité (frz.) Wahrheit — présidence (frz.) Präsidentschaft — año (span.) Jahr — cábala Kabale (span.) — señor (span.) Herr — señora Dame — señorita Fräulein.

Anmerkung: Nicht weitergehen, bevor dies vollkommen „sitzt“!

Das Dienstzeichen „Anruf“.

Wenn wir einen A n r u f geben, so heißt das: „**n**(u)**n** **t**(elegraphieren wir mal ein bißchen —!)“

Die Morse-Form für das „Dienstzeichen“

Anruf — - — - —

ist zerlegbar in

— - n

— - n

— t

wobei wir uns zu denken haben:

„**n**(u)**n** **t**(elegraphieren wir mal ein bißchen —!)“,

um sofort und für immer diese Form im Gedächtnis zu behalten.

Das Dienstzeichen „Verstanden“.

Wenn der Mensch etwas *verstanden* hat, so pflegt er vor sich hinzumurmeln „'s ist recht!“ oder „ist recht“, oder noch kürzer, ein wenig mundartlich: „is recht!“

Die Morse-Form für das Dienstzeichen

– – – — – „*verstanden*“

ist zerlegbar in

– – i

– — – r,

die Anfangsbuchstaben des *verständnis*innigen Gemurmels „i(st) r(echt)“, beziehungsweise „is recht“. Und uns wieder *ist recht*, daß daher diese Form so leicht zu behalten ist!

Das Dienstzeichen „Warten!“

Wenn uns jemand w a r t e n läßt, so f r e u t uns das nur in den seltensten Fällen und wir pflegen uns dann leicht selbst zu denken: „Warte, du x x x!“

Nur: anstatt der hier höflich hingestellten drei x denken wir uns jenes Wort, welches lautlich fast übereinstimmt mit der Kartenbezeichnung „As“.

Das Dienstzeichen

▬ ▬▬▬ ▬ ▬ ▬ „W a r t e n“

ist zerlegbar in

▬ ▬▬▬ a

▬ ▬ ▬ s,

was zusammen „As“ ergibt. Wir ergänzen also den Begriff des W a r t e n s zu der o b e n s t e h e n d e n Formel — und das Dienstzeichen ist erlernt. An der drastischen Komik stoßen wir uns nicht, sie hilft nur unserem Gedächtnis!

Das Dienstzeichen „Schluß".

„Ennde gut, alles gut."

Das Wort „Ennde" ist zwar falsch geschrieben; aber — — am Ennde darf man sich in einem ganzen Buch auch mal einen einzigen Fehler erlauben.

Jedes Telegramm oder jede Übermittlung schließt nämlich mit dem

– —— – —— – Schlußzeichen, das sich trennen läßt in

– e

—— – n

—— – n

und das also am **Enn**(de) jeder Übermittelung anzubringen ist. Möge dieser f r e i w i l l i g e Fehler, der am **Enn**(de) steht, immer der e i n z i g e Fehler des Telegramms bleiben!

10. Kapitel.

Die sechste Gruppe der Morse-Formen.

Formen mit sechs Zeichen.

Die Sechs-Zeichen-Formen sind Interpunktionen, Dienstzeichen und dergl. mehr.

Auch jeden einzelnen Teil dieses Kapitels wollen wir der Übersichtlichkeit wegen auf je einer Seite geben.

Der Bindestrich oder der „Strich".

Bevor wir den sechszeichenförmigen

—— — — — — —— Bindestrich (oder Strich)

erlernen, sei zunächst an ein sehr ähnliches Ding erinnert, nämlich an den fünfzeichenförmigen

—— — — — —— Trennungsstrich (oder Doppelstrich).

So wie der Trennungsstrich, das „Trennungszeichen" (siehe voriges Kapitel, S. 47), ein Zeichen der Trennung, aber der Trennung durch d r e i Punkte ist, so ist der Bindestrich ein Zeichen der Bindung, aber der Bindung durch v i e r Punkte!

Man merke sich zur Unterscheidung: der fünfzeichenförmige Trennstrich gehört als oft verwendetes „D i e n s t - z e i c h e n" zu der Fünf-Zeichen-Gruppe, worin ja die meisten D i e n s t z e i c h e n enthalten sind.

Dagegen: der sechszeichenförmige Bindestrich, der k e i n Dienstzeichen ist, sondern sich sozusagen mehr den I n t e r p u n k t i o n e n nähert, gehört zur Sechs-Zeichen-Gruppe, die ja die meisten I n t e r p u n k t i o n e n enthält.

Der Punkt.

Was uns jetzt noch an **Sechs**=Zeichen-Formen zu lernen bleibt, das teilen wir uns zu Lernzwecken ausnahmslos in **drei** Teile von **je zwei** Zeichen ein! Auf diese Weise ergibt sich:

— — — — — — Punkt,

zerlegt in

— — i

— — i

— — i

Wen diese drei i noch nicht tatkräftig genug an den i-„Punkt" erinnern, dem ist nicht zu helfen!

Das Semikolon.

Nun folgt das

—— – —— – —— – Semikolon,

zerlegt in

—— – n

—— – n

—— – n

Was soll das dreifache n? Es ist die dreifache Wiederholung vom letzten Buchstaben des Wortes „Semikolon“. Also —: Semikolon ...n...n...n Ist das deutlich genug?

Das Komma.

Wir kommen zum

- — - — - — Komma,

zerlegt in

- — a

- — a

- — a

Was will das dreifache a? Es will uns dreifach den Endbuchstaben des Wortes „Komma" wiederholen. Also—: Komma . . . a . . . . a . . . a . . . , damit wir nie vergessen: - — - — - — (Komma) = a . . . a . . . a!

Das Ausrufezeichen.

Da wir uns schon vorgenommen haben, alle folgenden Sechs-Zeichen-Formen für unsere Lernzwecke in je drei Zwei-Zeichen-Formen zu zerlegen, so ergibt sich, daß als Gedächtnishilfen hierbei nur die Buchstaben

– – i

— — m

– — a

— – n

in Betracht kommen können; andere Zwei-Zeichen-Buchstaben gibt es ja nicht! Hieraus ergibt sich klar: wenn in den nachstehenden Gedächtnishilfen noch andere Buchstaben als i, m, a, n, vorkommen, so „gelten“ nur i, m, a, n; die anderen Buchstaben zählen nicht mit, sondern sind nur als Füller zu betrachten — wie sich dies gleich aus dem folgenden Beispiel klar ergibt:

— — – – — — Ausrufezeichen,

zerlegt in

— — m

– – i

— — m

Wir merken uns „Mim“, „der Mim(e), (das e ist nur „Füller“, gilt nicht, da es keine Zwei-Zeichen-Form wäre!) Und von dem „Mim(en)“, dem Schauspieler, merken wir uns: er donnert seine Sätze ins Parkett, jeden Satz mit einem Ausrufezeichen!

Das Fragezeichen.

In dieser Art fahren wir fort und kommen zum

– – —— —— – – Fragezeichen

zerlegt in

– – i

—— —— m

– – i

Was ist's mit „imi“? „Imi“ bedeutet: „Imitation“, Nachahmung, Fälschung. Und wir merken uns für das Zeichen der Frage: Beim Einkauf (von Wertsachen) ist stets die F r a g e, ob echt oder **Imi**(tation)?

Der Doppelpunkt.

Wir gehen jetzt weiter zum

— — — - - - Doppelpunkt

zerlegt in

— — m

— - n

- - i

„mni" ist kein Wort und kein Wortanfang; da aber längere Formen als „Füller" verwendet werden dürfen, spannen wir ein „o" vor — so wie die Pferde vor den „**Omnibus**" gespannt werden. Und wie immer ein *Doppel*gespann vor dem „Omnibus" ist, so bedeutet für uns der „**Omnibus**" den *Doppel*punkt.

Der Apostroph.

Hätten wir auf der vorigen Seite statt Omnibus etwa „Amnestie" gesagt und das „A" als nichtzählenden Füller verwenden wollen, so wäre das grundfalsch gewesen; denn das „a" (– ——) zählt zu den Zwei-Zeichen-Formen, und es ist mithin in diesem Kapitel als Füller unverwendbar, weil es ja selber mitzählen würde. Das Gedächtnishilfswort „Amnestie" würde in diesem Kapitel vielmehr so zu deuten sein:

– —— a

—— —— m

—— – n,

also: **amn,** (Amnestie,) — zusammengezogen:

– —— —— —— —— –

und auf diese Weise haben wir uns jetzt gleich mit einem neuen Zeichen bekannt gemacht, denn

– —— —— —— —— –

ist der Apostroph; so merken wir uns denn bei Amn(estie) und Apostroph: so wie die Amnestie (Straferlaß) den Fortfall einer Strafe bedeutet, so bezeichnet der Apostroph den Fortfall eines Buchstabens.

Die Klammer.

U n m a ß g e b l i c h e s pflegt man zwischen Klammern in den Satz hineinzustellen; betrachten wir uns die Formen:

— - — — - — Klammer

zerlegt in

— - n

— — m

- — a,

nma; mit Füller (u)**nma**(ßgeblich)! Wir prägen uns als Gedächtnishilfe ein: In die K l a m m e r setzt man das (U)nma(ßgebliche)!*)

*) Dem aufmerksamen Schüler wird es nicht entgehen, daß die Klammer aus zwei K gebildet scheint!

Das Anführungszeichen.

Folgt

– —— – – —— – Anführungszeichen

zerlegt in

– —— a

– – i

—— – n,

also: ain. So merken wir uns denn beim Anführungszeichen, beim Zeichen des Anführens: wer war der erste Mensch, der seinen Bruder „angeführt“ hat? Antwort: „(K)ain“! Und wir werden nie wieder vergessen, daß „(K)ain“ die Gedächtnishilfe für das „Anführungs“-Zeichen ist!

Unterstreichen.

Da es naturgemäß beim Telegraphieren in Morse-Schrift nicht möglich ist, ein Wort wirklich zu unterstreichen, so sind für das Unterstreichen andere Mittel gegeben. Man setzt ein bestimmtes, nur zu diesem Zwecke vorhandenes Zeichen vor und hinter das zu unterstreichende Wort oder die zu unterstreichende Wortgruppe; und zwar bedeutet

· · — — · — Unterstreichen

zerlegt in

· · i

— — m

· — a

ima; mit Füller: (Kl)ima! Wir merken uns: jeder Badeprospekt „unterstreicht" das gute „(Kl)ima"!*)

---

*) Das Zeichen für „Unterstreichen" ist auch zerlegbar in u, n, t, die drei Anfangsbuchstaben des Wortes „unterstreichen".

Neue Zeile.

Ähnlich wie das Unterstreichen in Morse-Schrift nur durch eine Sechs-Zeichen-Form angedeutet wird, so wird auch der Beginn einer neuen Zeile durch eine Sechs-Zeichen-Form ausgedrückt:

▬ ▬▬▬ ▬ ▬▬▬ ▬ ▬ Neue Zeile

zerlegt in

▬ ▬▬▬ a

▬ ▬▬▬ a

▬ ▬ i

aai; dreisilbig ausgesprochen, klingt fast wie das Jägerwort: „Halali". H und l sind „Füller"; wir merken uns: Im Jagdbericht beginnt der Zeitungsschreiber nach dem (H)a(l)a(l)i immer eine — „neue Zeile"!*)

---

*) Das Zeichen für „Neue Zeile" ist auch zerlegbar in a, l, die Anfangsbuchstaben von „a linea". — In neueren Lehrbüchern fehlt das Zeichen für „Neue Zeile".

Das Dienstzeichen „Aufgearbeitet".

Das Dienstzeichen für die Meldung

- - - — - — „Aufgearbeitet"

ist zerleg-
bar in - - i

- — a

- — a.

Wir denken uns, daß wir gefragt werden, ob wir alles „a u f g e a r b e i t e t" haben; und erleichtert antworten wir mit einem langgedehnten „iaa!" (Er sagt n i c h t „ja!", er sagt „iaa"!) „iaa, wir haben alles a u f g e a r - b e i t e t!"

11. und letztes Kapitel.

Rest der Dienstzeichen.

Aus bestimmten Gründen hat sich eine Anzahl von „Dienstzeichen" in den vorstehend gekennzeichneten sechs Gruppen nicht unterbringen lassen; es sind dies

erstens:

solche Formen, die eigentlich überhaupt nur aus einem oder mehreren (bereits bekannten) Buchstaben bestehen,

und zweitens:

solche Formen, die aus mehr als sechs Einzelzeichen zusammengesetzt sind.

Dieser kleine Rest von „Dienstzeichen" sei auf den nachstehenden Seiten gelehrt, wobei wiederum — wegen der Übersichtlichkeit — jeder Form eine Seite gewidmet sei.

Irrung.

Das Zeichen für

Irrung
(Unterbrechung) } ━ ━ ━ ━ ━ ━ ━ ━

besteht aus 4 i, ist es nicht als ob jemand stotternd rufen wollte: „J...i...i...ich habe mich gei...i...i...irrt!“?

Und damit nur ja bei diesem „Irrtumszeichen“ jeder Irrtum ausgeschlossen sei, besteht es nicht — wie alle anderen Formen — aus eins, zwei, drei, vier, fünf oder echs Zeichen, sondern aus deren a c h t. Es ist die e i n z i g e Morse-Form, die aus acht gleichen Zeichen besteht.

Folglich ist gerade beim „Irrtumszeichen“ jeder Irrtum ausgeschlossen.

Aufforderung zum Geben.

Die „Aufforderung zum Geben" ist ein einfaches „k":

— – —

Sie bedeutet k = kommen. („Ihr Telegramm kann kommen, Herr Kamerad!")

Staatstelegramm
und
Gebührenfreies Staatstelegramm.

Die Bezeichnung, die dem Staatstelegramm voranzugehen hat und es als solches kennzeichnet, ist ein einfaches S:

— — —

Dieses S bedeutet natürlich „Staatstelegramm" es gibt aber auch noch eine besondere Klasse von Staatstelegrammen, die gebührenfreien, das sind die doppeltwichtigen und vor diese müssen wir ein Doppel-S setzen! Es bedeutet also:

— — — — — — Gebührenfreies Staatstelegramm.

Diensttelegramm
und
Eisenbahn-Diensttelegramm.

Statt „Dienst-Telegramm" sagte man früher „A m t s-Telegramm".

Wir merken uns also

— —— (A) = } Amts-Telegramm / Dienst-Telegramm.

(Eisen-) Bahn-Telegramme werden durch ein vorangesetztes **B** kenntlich gemacht. **B** = Bahn! Wir merken uns also ferner:

—— — — — = Eisenbahn-Diensttelegramm.

Dringendes Privattelegramm.

Schon aus dem Privatleben her weiß wohl jedermann, daß es auch „dringende Privattelegramme“ gibt, die gegen die übrigen Privattelegramme eine Bevorzugung (und eine erhöhte Gebühr) genießen.

Man stellt ihnen ein D voran, als den Anfangsbuchstaben des Wortes „Dringend“.

Wir merken uns:

— - - (D) Dringendes Privattelegramm.

Gebührenpflichtige Dienstnotiz.

Als Bezeichnung für

„Gebührenpflichtige Dienstnotiz“

stehen die zwei Zeichen

- - - —

(S T), sie bedeuten die zwei französischen Worte service taxé; service heißt zu deutsch: „Dienst“ und taxé übersetzen wir hier am besten mit „taxpflichtig“.

Empfangsanzeige.

Als Empfangsanzeige, wenn es sich um die bei der Bestimmungsanstalt ausgefertigte Anzeige handelt, stehen die zwei Zeichen

— - — - - — -

(C R), sie bedeuten die zwei französischen Worte „correspondance rendue“; zu deutsch: „Korrespondenz erhalten.“

Anhang.

Kurzer Überblick

über Buchstaben und Umlaute,

geordnet nach dem Hochstetterschen System der Gedächtnishilfe.

1: **e t** (Hochs**t e t t e r**!)

2: **i m a n** (**Im An**-fang war der Punkt

3: Wenn unser sind drei,
Gehts ohne Reichs-Kanzlei!

*

4a: Jetzt übe Viere: Hindenburg
Bleibt zäher, östlicher Chirurg!

*

4b: ä (**aa**!)
c (Schlacht bei **Ca**nnac!)
x (**na**! mir macht keiner...!)
p (der große **P**-**au**!)
f (**fin**-den!)
q (**Kuh**! **Ma**-ma)
l (**Lai**(e)...!)
y (griechisch **my**, **ny**!)

*

5: é (das **el**-egante **e**!)
á }
å } (das **ak**-ademische **a**!)
ñ (**tut** nicht **mit**!)

Bemerkungen.

Tritt an den Lernenden die Aufgabe heran, die Urschrift eines Morse-Telegramms (die Morse-„Rolle“, den Morse-„Streifen“) zu entziffern, so weiß man zunächst nicht, was unten und oben, wo rechts und links ist.

Da gibt es dann sehr einfache Anhaltspunkte für den, der den Morse-Streifen lesen will!

Nämlich erstens:

die Vorder-Seite ist die stärker bedruckte Seite.

Und zweitens:

fast jeder Morse-Strich fängt dünner an und hört etwas dicker auf! Folglich ist links die Seite, nach der die spitzeren Teile der Morse-Striche weisen.

Schlußwort.

Niemandem kann es klarer sein als mir selbst, daß mein System noch nicht die Vollendung darstellt. Aber meine Methode hat, während ich sie erfand, mir das Lernen erleichtert, und so darf ich wohl mit einiger Berechtigung annehmen, daß sie auch anderen das Erfassen und Durchdringen des Lernstoffs erleichtern wird.

Manchem Lernenden wird daran gelegen sein, rasch vorwärts zu kommen — und in diesem Bestreben wird mein kleines Buch ihn sehr unterstützen.

Möge mein kleines Werk jetzt während der bewegten Zeit des Krieges — und später nach Sieg und Friedensschluß in ruhigeren Zeiten — sich als nützlich erweisen!

GPSR Compliance

The European Union's (EU) General Product Safety Regulation (GPSR) is a set of rules that requires consumer products to be safe and our obligations to ensure this.

If you have any concerns about our products, you can contact us on ProductSafety@springernature.com

In case Publisher is established outside the EU, the EU authorized representative is:

Springer Nature Customer Service Center GmbH
Europaplatz 3
69115 Heidelberg, Germany

Batch number: 10682323

Printed by Printforce, the Netherlands